BEI GRIN MACHT SICH IHR WISSEN BEZAHLT

- Wir veröffentlichen Ihre Hausarbeit,
  Bachelor- und Masterarbeit

- Ihr eigenes eBook und Buch -
  weltweit in allen wichtigen Shops

- Verdienen Sie an jedem Verkauf

Jetzt bei www.GRIN.com hochladen
und kostenlos publizieren

Michele Spatola

Ich denke, also bin ich ... Können Maschinen denken?

GRIN Verlag

Bibliografische Information der Deutschen Nationalbibliothek:

Die Deutsche Bibliothek verzeichnet diese Publikation in der Deutschen National-
bibliografie; detaillierte bibliografische Daten sind im Internet über http://dnb.d-
nb.de/ abrufbar.

Dieses Werk sowie alle darin enthaltenen einzelnen Beiträge und Abbildungen
sind urheberrechtlich geschützt. Jede Verwertung, die nicht ausdrücklich vom
Urheberrechtsschutz zugelassen ist, bedarf der vorherigen Zustimmung des Verla-
ges. Das gilt insbesondere für Vervielfältigungen, Bearbeitungen, Übersetzungen,
Mikroverfilmungen, Auswertungen durch Datenbanken und für die Einspeicherung
und Verarbeitung in elektronische Systeme. Alle Rechte, auch die des auszugsweisen
Nachdrucks, der fotomechanischen Wiedergabe (einschließlich Mikrokopie) sowie
der Auswertung durch Datenbanken oder ähnliche Einrichtungen, vorbehalten.

Impressum:

Copyright © 2004 GRIN Verlag GmbH
Druck und Bindung: Books on Demand GmbH, Norderstedt Germany
ISBN: 978-3-640-13745-9

Dieses Buch bei GRIN:

http://www.grin.com/de/e-book/109100/ich-denke-also-bin-ich-koennen-maschinen-
denken

GRIN - Your knowledge has value

Der GRIN Verlag publiziert seit 1998 wissenschaftliche Arbeiten von Studenten, Hochschullehrern und anderen Akademikern als eBook und gedrucktes Buch. Die Verlagswebsite www.grin.com ist die ideale Plattform zur Veröffentlichung von Hausarbeiten, Abschlussarbeiten, wissenschaftlichen Aufsätzen, Dissertationen und Fachbüchern.

Besuchen Sie uns im Internet:

http://www.grin.com/

http://www.facebook.com/grincom

http://www.twitter.com/grin_com

Ich denke, also bin ich ...
Können Maschinen denken?

Autor: Michele Spatola

Inhaltsverzeichnis

Januar 2005

1. Vorwort

Fragen Sie das im Ernst? Glauben Sie wirklich, dass eine Maschine denkt? Was ist denn das: eine Maschine?

Geht man nach dem Lexikon ist eine Maschine eine Vorrichtung, mit der eine Energieform in eine andere, für einen bestimmten Zweck geeignete Form umgewandelt werden kann.

Ist dann unser Gehirn nicht doch eine Maschine? Sie müssen doch zugeben, dass unser Gehirn denkt oder denkt, dass es denkt, also etwas zur Verfügung stehendes in etwas Anderes verwandelt. Also so etwas wie ein selbst kontrollierendes System ist? Eine kybernetische Regelmaschine oder?

Wenn unser Gehirn einer Maschine gleicht, kann auch eine Maschine das tun, was unser Gehirn tut, eben denken.

Um bei menschlichen Organen und mechanischen Geräten so etwas wie eine Denkleistung zu erhalten, müssen Informationen über den tatsächlichen Ausgang einer erwünschten Handlung als Anhalts-punkt für Handlungen verfügbar sein. Im menschlichen Körper koordinieren Gehirn und Nervensystem Informationen, die dann dazu eingesetzt werden, Handlungen zu bestimmen. Und in komplexeren Maschinen passiert das Gleiche.

Kontrollmechanismen zur Selbstkorrektur in Maschinen dienen einem ähnlichen Zweck wie das, was wir unter Bewusstsein verstehen. Wir beobachten und kontrollieren uns damit.

Alles dient einem Zweck. Welchem Zweck fragen Sie?

Etwas herzustellen, zu verändern, zu produzieren. Damit behaupte ich, dass auch die Maschine denkt. Durch mein Maschinenbaustudium weiß ich, dass man dieses Prinzip Rückmeldung oder Feedback nennt, was die Basis der Automation ist. Das geschieht alles sowohl in der Maschine wie in unserem Gehirn. Ist es nicht so?

Also, wenn wir wie Maschinen funktionieren, funktionieren Maschinen auch so wie wir. Maschinen denken also doch? Diese Idee taucht schon bei René Descartes auf, der Tiere als Automaten ohne Seele bezeichnet hat. Oder Julien Offray de La Mettrie in seinem Buch L' homme machine. Ach. Sie glauben noch immer, wenn ich Maschine sage, dass ich nicht einen Menschen meine, sondern etwas, was die Menschen gemacht haben, was er sozusagen beherrscht. Ist es nicht so?

Es ist tatsächlich nicht auszuschliessen, dass die Maschine oder etwas was auf unterer Ebene scheinbar wie eine Maschine funktioniert den Menschen beherrscht. Letzten Endes weil Maschinen doch denken können? Nein, weil sie fehlerlos arbeiten können? Arbeiten Maschinen wirklich fehlerlos? Denkt eine Maschine über die Arbeit nach, die sie verrichtet?

Sie sind erstaunt wie ich über das Denken denke, nicht wahr?

Ein Gelehrter sagte einmal, die Frage, ob Computer denken können, gleiche der Frage, ob U-Boote schwimmen können. Diese Analogie ist ziemlich stimmig. Wir wissen alle mehr oder minder, wozu U-Boote in der Lage sind - und sie können in der Tat so etwas wie schwimmen. Aber wirkliches Schwimmen bringen wir mit organischen Wesen in Verbindung, mit Menschen und Fischen, nicht mit U-Booten. In Analogie dazu mögen wir eine ziemlich gute Vorstellung von den Fähigkeiten einer Rechenmaschine besitzen; aber wahres Denken verknüpfen wir im Geiste mit Homo Sapiens oder mit einigen weiter entwickelten Säugetieren wie Affen und Delphinen, nicht aber mit einer Ansammlung von Bits und Bytes auf Silikonbasis.

2. Einleitung

In dieser Ausarbeitungt möchte ich die Rolle der Künstlichen Intelligenz (KI) im Einsatzgebiet der Robotik heute und in Zukunft ergründen. Um dieses Ziel zu erreichen ist es aber zwingend notwendig, zuerst einmal den Begriff der Künstlichen Intelligenz zu erklären. Das Ziel meiner Arbeit ist es, einen Einblick in die Welt der KI und der Robotik zu ermöglichen und zu ergründen, warum es immer noch lediglich eine Vision ist, vollständige Künstliche Intelligenz zu erreichen.

Auf den folgenden Seiten wird viel von Hypothesen und Vorstellungen gesprochen werden. Dass es kaum Fakten gibt die von allem Experten akzeptiert werden, ist zwar schade, zeigt aber andererseits, wie wenig wir effektiv über das Gebiet der Künstlichen Intelligenz wissen. Bereits mit der Frage nach der Definition von Intelligenz beginnt das Gebiet mit einem nicht unwesentlichen Knackpunkt.

Oft gehen die Meinungen und Theorien der Experten ziemlich weit auseinander. Da es nicht möglich war, in einem einigermassen annehmbaren Rahmen sämtliche dieser Theorien oder Meinungen zu berücksichtigen und zu ergründen, habe ich im Zweifelsfall die Richtung berücksichtigt, die meiner eigenen Vorstellung am ehesten entspricht oder die am meisten Gemeinsamkeiten mit den anderen Theorien hat. Falls Sie an einigen Stellen den Kopf schütteln, oder einen Gedankengang nicht nachvollziehen können, so hängt das nicht an mangelnder Intelligenz Ihrerseits und hoffentlich auch nicht an mangelnder Schreibfähigkeit meinerseits, sondern daran, dass dieses Thema aufgrund des heutigen Wissenstandes noch immer sehr viele Meinungen zulässt und vor allem die Fantasie eine wichtige Rolle spielt.

Dennoch sind Roboter ein gutes Beispiel unserer technischen Kultur und wecken die Neugier für das derzeit Machbare in der Kombination zwischen Mechanik, Elektronik und Informatik. Dass dieses Gebiet immer noch zu faszinieren vermag, zeigt auch der Film „Artificial Intelligence" (A.I.) von Steven Spielberg, der die Geschichte eines Roboterjungen erzählt, dessen künstliche Intelligenz soweit entwickelt ist, dass er sogar Emotionen empfinden kann. Lassen Sie sich also inspirieren und noch wichtiger, halten Sie an ihrer eigenen Vorstellung fest, sie könnte die richtige sein!

Viel Spass beim Lesen.

Michele Spatola

3. Was ist Intelligenz ?

„Dumm geboren, nichts dazugelernt und die Hälfte wieder vergessen!" So oder ähnlich tönt
es, wenn intelligente Menschen untereinander über Intelligenz sprechen. Auch Definitionen wie
„Dumm wie Brot" oder „Dümmer als die Polizei erlaubt" gehören zu unser aller Sprachschatz.
Doch was ist Intelligenz wirklich ? Eine Definitionssache ? Schon hier gehen die Meinungen der
Experten weit auseinander, eine Tatsache, die sich durch das ganze Gebiet der Künstlichen
Intelligenz ziehen wird. Heute wird auch vermehrt von „Emotionaler Intelligenz" gesprochen,
einem erweiterten Begriff der Intelligenz.
Versuchen wir, uns dem Gebiet anzunähern, indem wir die wichtigste Frage vorwegnehmen:
Was ist Intelligenz, oder anders gefragt, was ist Dummheit?
Hier zwei Definitionen der Literatur:

*„Als Intelligenz bezeichnet man die Fähigkeit zur zweckmässigen Lösung von Lebens- und
Berufsaufgaben. [...] Das Mittel, dessen man sich zur Lösung von Aufgaben bedient, ist inster
Linie das Denken. [...] Unter dem Denken versteht man: die Erkennung des
Wesentlichen, die Erfassung von Beziehungen, die Trennung und Verknüpfung von
Vorstellungen und Begriffen, [und schliesslich] das Schlussfolgern und Urteilen."*
(Geyer, 1984)
*„Das wichtigste Instrument menschlicher Lernfreude ist die Intelligenz. Sie ermöglicht es dem
Menschen ganze Welträume zu durchmessen, die Zeit vor- und zurückzudrehen. Sie hilft ihm,
mit den unerwarteten Tücken des Alltags ebenso fertig zu werden, wie mit ganzen
Problemfeldern einzelner Wissensbereiche. Sie erst ermöglicht es dem Menschen, aus seinen
Anlagen Leistungen hervorzubringen, die sein Leben tragen und über das Hier und Jetzt
hinausführen."* *(Kirst, 1979)*

Obwohl diese beiden Zitate aufgrund ihres Erscheinungsdatums etwas veraltet erscheinen
mögen, treffen sie doch meiner Meinung nach immer noch unsere Ansichten von Intelligenz,
wie wir sie besitzen. Heisst das, wir wissen damit bereits, was Intelligenz ist? Ist es die Gabe,
Probleme zu erfassen und aufgrund von Erfahrungswerten und Gegebenheiten Lösungen
dafür zu finden? Möglich, es kann aber genauso gut heissen, das wir noch immer nicht in der
Lage sind, die menschliche Intelligenz zu begreifen und genau zu definieren.
Zwei Versuche Intelligenz zu beschreiben, findet man in den Naturwissenschaften:
In der Biologie gilt die Intelligenz als Fähigkeit, die dem Individuum das Überleben sichern
soll. In der Physik und Chemie wird der Organisationsgrad spezieller Moleküle für das
Vorhandensein von Intelligenz vorausgesetzt.
Einige Versuche, Intelligenz in eine Definition zu zwängen, sind bereits vor einiger Zeit
unternommen worden. Ein Beispiel dafür ist der IQ-Test, der zum Ziel hat, Intelligenz
vergleichbar zu machen. Nach seiner Einführung stellte sich aber das Problem, dass man zwei
Arten von Intelligenz benennen konnte: die technische Intelligenz, die Gabe zu rechnen,
Problemstellungen zu lösen oder anders gesagt die schulische Intelligenz und die soziale
Intelligenz, die Gabe soziale Bindungen zu knüpfen, also mit Menschen umzugehen und
Beziehungen zu unterhalten. Diese Erkenntnis warf die Frage auf, ob Intelligenz etwas
Einzelnes oder die Summe vieler kleiner Eigenschaften ist.

**Im allgemeinen wird die Intelligenz heute definiert als Gabe oder Fähigkeit,
ein Problem zu erkennen und aufgrund von Erfahrungen und Informationen
unserer Sinne (Augen, Ohren, Nase usw.) auf die effizienteste Weise zu lösen.**

Heute weiss die Wissenschaft bereits ziemlich gut, wie das Erkennen und Verarbeiten bestimmter Eindrücke und die darauf folgende Reaktion mittels Neuronaler Netze abläuft

(siehe 4.2.1). Aber man hat noch immer keine einheitliche Antwort gefunden, wie zum Beispiel die Kreativität entsteht oder funktioniert, also das Erfinden von etwas gänzlich Neuem, bei dem man nicht auf Gegebenheiten oder Vorgaben zurückgreifen kann. Diese Fähigkeit unterscheidet die „intelligenten" Lebewesen von allen anderen.
Instinktiv auf etwas zu reagieren, das man kennt, ist von wahrer Intelligenz so weit entfernt, wie die heutigen Roboter von den vergleichbaren Wesen in „Star Wars".
Richtig kompliziert und interessant wird es erst, wenn dem „Materieklumpen", den wir Gehirn nennen etwas völlig Unabhängiges und nie Dagewesenes entspringt.
Es ist faszinierend, wenn meine zweijährige Tochter aus heiterem Himmel einen zusammenhängenden Satz ausspricht – manchmal unter Verwendung von Wörtern die sie vorher noch nie gesagt hat – und mich dann etwas beschämt anlächelt, weil
auf einmal der Groschen gefallen ist und man Ihr ansieht, dass sie auf einmal die Bedeutung ihres eigenen Satzes verstanden hat.

Dieser Vorgang ist mit heutigen Mitteln nicht zu kopieren.

Eine andere wichtige Eigenschaft, die vorausgesetzt wird um von Intelligenz zu sprechen, ist die Lernfähigkeit, die Fähigkeit Neues zu entdecken und zu untersuchen, um die Resultate zu verwenden und abzuspeichern. Dieser Fähigkeit ist man heutzutage mit den Lernalgorhythmen schon einigermassen nahe gekommen, ist aber noch weit davon entfernt sie vollständig zu entwickeln. Sie bildet wohl die Grundlage jeder höheren Intelligenz.
Das Fehlen solcher elementarer Eigenschaften ist eines der Probleme, wenn man versucht Intelligenz "künstlich" zu erzeugen. Diese Eigenschaften sind aber zwingend notwendig, um intelligente Werkzeuge und Helfer für den Menschen zu entwickeln. Denn wenn ein Roboter als Hilfsgerät brauchbar sein soll, kommen wir nicht darum herum, mit ihm zu kommunizieren und das geht nur auf einem sinnvollen Niveau!

4. Gibt es überhaupt eine künstliche Intelligenz?

Lassen sich der menschliche Geist, das menschliche Bewusstsein und unser Erleben technisch simulieren? Diese Frage bewegt ganze Generationen von Wissenschaftlern und doch fallen die Antworten sehr unterschiedlich aus. So behauptet etwa der Computerwissenschaftler Ray Kurzweil: *„Das menschliche Gehirn ist bis 2029 vollständig analysiert und kopiert."*
(Kurzweil 2001)
Diese Behauptung ist aber laut Experten keineswegs realistisch oder rational. Dennoch, beim Menschen laufen sämtliche Denkvorgänge in Form von elektrischen Impulsen durch Materie ab. Die Intelligenz des Menschen basiert also auf einem, einfach gesagt, Klumpen Materie. Wenn beim Gehirn mittels Materie (Neuronen) und elektrischen Impulsen Intelligenz

entsteht, so müsste das doch auch technisch realisierbar sein.
Bevor eine technische Kopie des Gehirns zu arbeiten beginnt, fehlen aber noch mehrere,

äusserst wichtige Grundlagen. Das Problem liegt nicht im Kopieren der rein technischen
Vorgänge, die wirkliche Schwierigkeit ist die ungeheure Menge an Informationen, die als
Grundlage vorhanden sein muss. Wir Menschen lernen alle möglichen, aus unserer Sicht
unwesentlichen, Dinge von klein auf und alle wesentlichen und wichtigen Erfahrungen
werden im Gehirn gespeichert. Damit haben wir einen ungeheuren Wissensvorsprung
gegenüber den künstlichen Gehirnen. Die Fähigkeit, auf diese Informationen zurückzugreifen
und gestützt auf diese Tatsachen zu handeln macht einen grossen Teil, jedoch nicht die
gesamte Intelligenz aus.
Selbst wenn alle diese Informationen für die Künstliche Intelligenz bereits vorlägen, wären
die Forscher noch lange nicht am Ziel. So ist man seit dem letzten Jahrhundert der Ansicht,
dass Funktionen wie Sprachverständnis oder Bewegungssteuerung jeweils nur in bestimmten

Teilen des Gehirns, sogenannten Modulen, ablaufen. *„Selbst wenn wir annehmen, dass
lediglich 100 solche Module existieren und wir nur berücksichtigen, ob ein Modul aktiv ist
oder nicht, ergäben sich immer noch ungefähr 1030 mögliche Funktionszustände in unserem
Gehirn".*
(Pöppel 2001) Wir können jetzt aber nicht einfach jedem dieser Zustände einen 100 stelligen
Binärcode zuordnen. Wir müssen auch das Zusammenspiel der einzelnen Funktionen
berücksichtigen. Nach Ray Kurzweil müsste man zusätzlich neben der modularen Ebene auch
die neuronale Ebene berücksichtigen, wo wir es nicht mehr mit 100 Einheiten, sondern mit
einer Billion Nervenzellen zu tun hätten. Ein solches System zu erbauen und zu beherrschen
ist im Moment schlicht ausserhalb der technischen Reichweite.
Gerade die Wissenschaftler des Gebietes der KI unterschätzen das biologische Vorbild häufig.
So glauben einige der Forscher, dass eine Simulation des menschlichen Geistes bereits
dadurch zustande käme, indem man alles über das Gehirn Erfassbare, also alles, was sich in
Worte fassen lässt, aufschreiben und auf einen Computer übertragen würde. Diese Forscher
konzentrieren sich nur auf die explizite Form des Wissens, was den kleinsten von
drei Teilen im Gesamtbild der Intelligenz ausmacht. Die weiteren und genauso wichtigen
Teile sind beispielsweise die Intuition oder die Informationserfassung. So sind beinahe
sämtliche Bewegungsabläufe unseres Körpers intuitiv, also automatisiert. Ebenfalls werden
viele Entscheidungen intuitiv, sozusagen „aus dem Bauch heraus" gefällt.
Dieser Bereich wird aber von beinahe allen Forschern einfach vergessen oder ausgeblendet,
da er immer auch noch eine emotionale Tönung hat. Empfindungen dieser Art lassen sich
nicht in Worte fassen und sind deshalb nicht direkt übertragbar.
Den dritten und wohl wichtigsten Teil stellt die piktorale Wissensform, das bildliche Wissen,
dar. *„Unsere Lebensgeschichte und unser Selbstbild bestehen im wesentlichen aus Bildern,
die wir von uns und der Welt haben." (Pöppel 2001)*
Im Gegensatz zum Computer braucht ein Mensch aber nur einmal einen Blick auf ein Bild zu
werfen, um es zu erkennen und zu speichern. Mittels neuronaler Netze kann zwar auch ein PC
Bilder erkennen, braucht dafür aber ein aufwendiges Training der Neuronalen Netze. Ähnlich
ist es beim **impliziten Wissen**. Genaugenommen haben wir keine Ahnung, wie das
sogenannte One-Try-Learning vor sich geht, also das Erkennen und Verarbeiten von
Informationen, selbst wenn wir sie zum ersten Mal hören oder sehen. Ein menschliches
Gehirn ist in der Lage, einen völlig unbekannten Eindruck wie zum Beispiel eine neue
Umgebung zu analysieren und zu verarbeiten, ohne vorher darauf trainiert worden zu sein.
Ein Computer-Programm muss zuerst auf das Bild oder die Information trainiert werden,
bevor er es selbständig erkennen kann.
Der Mangel an konkreten wissenschaftlichen Erkenntnissen führt zu kuriosen

Gedankenspielchen: Was wäre, wenn man die Neuronenstruktur des Gehirns einfach auf einen Siliziumchip brennen würde? Dann müsste der Chip doch genau wie unser Gehirn funktionieren, einschliesslich Bewusstsein und Emotionen. *„Diese Schlussfolgerung zu leugnen ist menschlicher Kohlenstoff Chauvinismus"*, meint etwa der New-York-Times Redakteur Tony Durham *(Durham 2001)*. In der Tat können wir die Frage, ob eine exakte Kopie des Gehirns auf Silizium arbeiten würde weder bejahen noch verneinen, da wir die molekularen und biophysikalischen Randbedingungen nicht erschaffen können. Sicher ist, dass Silizium andere physikalische Eigenschaften besitzt als Kohlenstoff. Ob diese Unterschiede relevant sind, weiss zurzeit niemand.

Dass aber das einfache Reagieren, gestützt auf Informationen künstlich realisierbar ist, zeigen uns heutige Expertensysteme. Expertensysteme sind Programme, die für einen genau definierten Einsatzbereich eingesetzt werden, zum Beispiel um Fehler zu lokalisieren oder zu beheben. Sie haben eine auf das Operationsgebiet angepasste Grundlage an Informationen, auf die sie zurückgreifen können. Das System versucht mittels Fragen und den resultierenden Antworten den möglichen Bereich des Fehlers einzugrenzen. Danach gibt das Programm verschiedene Fehlermöglichkeiten inklusive deren Lösung an. Diese Systeme sind aber nicht wirklich intelligent, da sie nicht auf unvorhergesehene Situationen reagieren können. Zudem funktionieren die Programme nur in dem festgelegten Bereich und nur dank den vom Entwickler eingegebenen Informationen. Das führt uns auf die Spur zweier Aussagen, die ein schnelleres Vorankommen bisher vereitelt haben:

4.1 Warum sind Computer nie wirklich intelligent ?

Die höchsten Formen künstlicher Intelligenz, die wir bis heute kennen, arbeiten bereits sehr zuverlässig und sind ihrem Einsatzbereich optimal angepasst. Doch in dieser Arbeit geht es darum, die Probleme zu erkennen und zu beschreiben, die uns bis heute daran hindern, die vollständige künstliche Intelligenz zu entwickeln. Hier sind die zwei Probleme, die das grösste Hindernis darstellen und die wohl auch noch nicht so bald überwunden werden können:
- Die Systeme der Künstlichen Intelligenz, wie wir sie heute kennen, müssen auf die Informationen und Daten der Entwickler zurückgreifen. Anders gesagt, ein System ist ohne Lernfähigkeit zur Zeit höchstens so klug, wie sein Entwickler. In bestimmten Bereichen kann aufgrund der grösseren Zuverlässigkeit zwar behauptet werden, die Software sei klüger als ein entsprechender Experte. Ein solches Programm kann aber keine neuen Bereiche erforschen und ist deshalb gesamthaft gesehen doch weit hinter seinem Erschaffer zurück.
Das Ziel muss sein, ein Programm zu kreieren, dass sich selbst weiterentwickelt, das lernfähig ist. Momentan hat man aber noch nicht einmal verstanden, wie die Lernfähigkeit beim menschlichen Gehirn funktioniert. Könnte man dies ergründen wäre eine Kopie der Natur vielleicht einmal mehr der schnellste Weg zum Erfolg.
Der nächste Schritt wäre dann, die Kreativität und die Gabe, auf veränderte Probleme

selbständig zu reagieren „einzubauen". Erste Ansätze in diese Richtung wurden bereits getan und in diesem Bereich dürfen wir in der nächsten Zeit noch einiges erwarten.
- Die Systeme verfügen nicht über die grundlegenden Informationen, die sie brauchen, um selbständig, das heisst ohne Hilfestellung eines Entwicklers, zu denken. Dinge, die

für uns so selbstverständlich sind, dass wir sie gar nicht mehr erwähnen, müssen Roboter erst erlernen. Es ist elementares Wissen, wie zum Beispiel „Rot ist eine Farbe", Wenn man fällt, tut es weh", „Wasser ist nass" oder auch „Durch eine Wand kann man nicht gehen, durch eine Tür aber schon". Sie werden sich bei den eben genannten Sätzen sicher an den Kopf gegriffen haben, weil sie sich nicht vorstellen

können, dass man etwas so „logisches" nicht wissen kann. Wenn ein Mensch aber diese Grundlagen nicht zur Verfügung hätte, wäre er ebenso wenig in der Lage, zu denken, wie eine Maschine, der diese Informationen fehlen.
Aufgrund dieser Tatsachen muss die Antwort auf die oben gestellte Frage lauten: Ja, es gibt mit Sicherheit eine künstliche Intelligenz und wir sind auch in der Lage, diese zu erschaffen, nur fehlen uns heute noch entscheidende Beiträge und Eigenschaften, um diese in nächster Zeit zu entwickeln.

4.2 Wie funktioniert „Künstliche Intelligenz"?

Bis heute gibt es zwei wesentliche Formen der künstlichen Intelligenz, die auch angewendet werden. Diese zwei Formen sollen in diesem Kapitel ausführlich erklärt und ihre Vorteile und Probleme aufgedeckt werden. Zusätzlich möchte ich diesem Teil auch die Lernfähigkeit anfügen, obwohl sie an sich keine funktionierende Form der KI darstellt, aber für eine spätere Entwicklung einer vollständigen KI von entscheidender Bedeutung ist.

4.2.1) Neuronale Netze
Neuronale Netze sind die bis jetzt am weitesten dem Gehirn nachempfundenen intelligenten Systeme. Sie funktionieren im wesentlichen wie die Neuronen unseres Gehirns. Beim Erkennen von Daten werden je nach Bild durch bestimmte Neuronen Impulse abgegeben. Die Neuronen sind in Reihen angeordnet und durch Synapsen miteinander verbunden. Dabei ist jedes Neuron mit jedem der folgenden Reihe verbunden. Bei jedem Objekt, das nun erkannt werden soll, erhalten die Neuronen der ersten Reihe unterschiedliche Anfangswerte. Diese durchlaufen dann das Netz und passieren unterschiedliche Synapsen. Diese Synapsen sind „gewichtet", das heisst, sie verändern den Eingangswert, indem sie ihn verstärken oder abschwächen. Am Ende besteht dann die Reihe der Neuronen nur noch aus der Anzahl möglicher Lösungen. Sämtliche Werte der verschiedenen durchlaufenen Wege werden addiert. Entsteht dabei ein bestimmter Wert, der den festgelegten Minimalwert, den sogenannten Schwellenwert, überschreitet wird eine Erkennung bestätigt.
Je höher man den Schwellenwert festlegt, desto sicherer sind die Erkennungen und desto differenzierter kann man Bilder analysieren.

Solche Netze müssen aber trainiert werden. Der Entwickler gewichtet zuerst alle Synapsen mit dem Faktor eins, das heisst sie verändern den Eingangswert nicht. Man nimmt danach ein Bild oder Objekt, das später erkannt werden soll und teilt dem Netz mit, welcher Ort welchen Schlusswert annehmen soll. Die Synapsen werden danach automatisch neu gewichtet, bis dieser Wert erreicht ist. Dies wird nun mit jedem Bild

gemacht, bis das Netz immer weiter angepasst ist. Schlussendlich sind die Wege und Synapsen so aufeinander abgestimmt, dass die trainierten Bilder erkannt werden können. Das braucht jedoch selbst bei einem relativ kleinen Netz so gegen 90 Trainingseinheiten mit sämtlichen Bildern. Der grosse Nachteil ist auch hier, dass diese Netze keine Bilder oder Daten erkennen kann, auf die sie nicht schon einmal trainiert wurde. Es ist also völlig ausgeschlossen, wie mit dem menschlichen Gehirn, neue Bilder, wie zum Beispiel fremde Landschaften zu erkennen und direkt zu analysieren.

Stellen sie sich vor, dass sie jeweils vor einer Autofahrt die Strecke abschreiten und sich jede Kurve genau einprägen müssten, um die Strecke später sicher abfahren zu können! Obwohl die künstliche Kopie des Gehirns in diesem Bereich ziemlich genau ist, fehlt immer noch ein wesentlicher Teil, der es ermöglicht Systeme wie Neuronale Netze erschaffen, die genau wie unser Gehirn funktionieren.
Wer sich weiter über dieses Gebiet informieren möchte, findet in der Bibliothek des Deutschen Gymnasiums Biel eine Maturaarbeit zu diesem Thema. Verfasst wurde sie von Martin Straub, der die Matur im Sommer 2001 abgeschlossen hat. Den Titel seiner Arbeit finden sie im Quellenverzeichnis.

4.2.1) Expertensysteme
Wie bereits erwähnt, werden Expertensysteme häufig zur Fehlererkennung und -behebung verwendet. Sie arbeiten im wesentlichen mit der „Schritt für Schritt" Arbeitsweise. Man kann sich das wie eine Wand mit vielen Türen vorstellen. Durch jede Antwort auf eine

vorher festgelegte Frage werden bestimmte Türen verschlossen, die sich dahinter verbergenden Lösungen ausgeschlossen. Die nächste Frage bezieht sich dann nur noch auf den noch möglichen Teil der Wand, bis man am Schluss den Fehlerbereich erkannt, oder zumindest sehr eingegrenzt hat.
Diese Systeme sind nicht wirklich intelligent aber einigermassen autonom. Wenn sie einmal programmiert sind, können sie ohne weitere Hilfe die Aufgaben in dem ihnen zugewiesenen Teil übernehmen. Sie sind aber nur in einem Bereich einsetzbar und können nur mit Fragen arbeiten, auf die sie programmiert wurden. Alle Abläufe müssen zuerst von einem Informatiker festgelegt werden und basieren auf dem Wissen, dass sich ein Mensch, ein Experte, auf seinem Gebiet erarbeitet hat. Diese Systeme sind dadurch auch nicht in der Lage, auf andere Situationen zu reagieren, als auf jene, die sie bereits kennen. Hier wird also nur der erste Teil der KI angewandt, nämlich das informationsgestützte Handeln und Reagieren. Solche Systeme werden von ihren Entwicklern auch nicht als Systeme der künstlichen Intelligenz bezeichnet, sondern lediglich als autonom eingestuft. Sie können selbständig und ohne Aufsicht ihre Aufgaben wahrnehmen. Der Hauptgrund für die Entwicklung solcher Systeme sind Wiederholungen. Ein Mensch macht auch bei der ständig gleichen Tätigkeit ab und zu einen Fehler, Expertensysteme können ihre Aufgabe hingegen über eine unendlich lange Zeit ohne Fehler lösen. Sie sind deshalb bloss als Hilfe für den Menschen zu sehen, der sich durch sie der lästigen Wiederholungsaufgaben entledigt.

4.2.2) Lernfähigkeit
Ein aktuelles Forschungsgebiet ist die Entwicklung von „soft computing", das heisst von Lernalgorithmen und von Methoden zur Behandlung unsicherer Daten beispielsweise aus unstrukturierten Umgebungen, wie Fuzzy Logic, auf das ich hier nicht eingehen werde oder Neuronalen Netzen.
Das führt zur sogenannten „Smart Machine Technology" Diese Systeme kennen aufgrund

von Sensoren und Regelkreisen ihre eigenen Zustände und können diese Zustände selber beeinflussen und optimieren. Damit wird das Erbauen lernfähiger Maschinen mit Selbstkalibrierung, Selbstdiagnose und selbsteinstellenden Regelungen möglich.
Eine Art dieser Selbstdiagnose besteht in sogenannten Lernalgorhythmen. Eine gebräuchliche Art dieser Selbstdiagnose wird bei Satelliten angewandt oder allgemein dort, wo nach dem Start oder der Errichtung keine Veränderungen mehr möglich sind. Bei einem Satelliten werden zum Beispiel die Gyroskope, die Lage und Bewegung kontrollieren mindestens dreifach eingebaut. Zeigt nun ein Gyroskop Abweichungen von den anderen, werden die Daten aller Geräte verglichen. Zeigen zwei oder die Mehrheit der vergleichbaren Geräte dasselbe an, wird das fehlerhafte umprogrammiert oder ausgeschaltet. Man könnte hier also beinahe von einer „Demokratie der Maschinen" sprechen. Für ein autonomes System ist es enorm wichtig, eigene Fehler erkennen und beheben zu können.
Ein weiteres Ziel der Entwickler ist es, unsichere Daten mit vorhandenen Fakten zu vergleichen und so eine Wahrscheinlichkeit zu errechnen.
Kommen also Daten aus einer unstrukturierten oder unsicheren Quelle, muss zuerst abgeschätzt werden, wie wahrscheinlich die Richtigkeit dieser Informationen ist, bevor mit der Arbeit begonnen wird. Wir Menschen glauben ja auch nicht alles, was und erzählt wird und werden misstrauisch, wenn sich die neuen Informationen schlecht in die Realität einpassen lassen. Solche Regelkreise und Selbstdiagnosesysteme stehen aber noch am Anfang ihrer Entwicklung und wurden bis jetzt aufgrund mangelndem Interesse vernachlässigt, obwohl sie eine wichtige Rolle bei den Entwicklungen im Gebiet der KI darstellen.

5. Die Vision von Ray Kurzweil

Die Theorien von Ray Kurzweil *(Kurzweil 2001)*, der bereits im Ersten Teil dieser Arbeit erwähnt wurde, scheiden die Geister der Forscher, wie keine anderen.
Von vielen seiner Kollegen als Spinnerei abgetan, finden seine Zukunftsvisionen dennoch immer mehr Anhänger. Dies jedoch kaum aus rationalen Gründen. Nein, vielmehr weil seine Vorstellungen faszinierende Gedankenwelten sind, die manche von uns noch erleben möchten und laut Kurzweil auch werden.
Das Ziel von Ray Kurzweil ist nach eigenen Aussagen, die Gesellschaft anzuregen, über den Nutzen und die Gefahren der Technik nachzudenken. *„Wirklich wenige haben begriffen, dass sich das Wachstum in allen Wissenschaftsbereichen schneller beschleunigt, als die Gesellschaft verkraften kann"*, meint er in einem Interview mit dem Computermagazin „CHIP" *(2/01, S. 315)*. Für das Jahr 2009 traut Kurzweil zum Beispiel schon einem 1000-Dollar PC rund eine Billion Rechenoperationen pro Sekunde zu.
Noch reagieren sowohl Fachleute wie Laien skeptisch auf die Äusserungen Kurzweils, die häufig ohne jegliche Beweise oder realistische Grundlagen daherkommen. Allerdings

verkündete 1990 der damals amtierende Schach-Weltmeister Gary Kasparow
(Zitiert in CHIP 6/01, S.315), dass ihn nie eine Maschine schlagen werde – 1997 setzte ihn eine
Maschine matt.
Die Vision Kurzweils geht davon aus, dass Computer aufgrund ihrer exponentiellen
Leistungssteigerung bald einmal in Zusammenhängen denken und Ideen hervorbringen
können. Neuronale Netze und andere technologischen Errungenschaften sollen es möglich
machen, Systeme zu erzeugen, die die menschliche Sprache verstehen und aus ihrem Wissen

Erkenntnisse ableiten und verarbeiten. So werden nach Kurzweil im zweiten Jahrzehnt des
momentanen Jahrhunderts Computer Texte selbständig lesen, speichern und verarbeiten
können – und das ohne einen Fehler.
Im Jahre 2020 soll dann die Technik bereit sein nachziehen und die isolierenden Schichten
der Transistoren auf wenige Atomschichten reduzieren. Die Entwicklung von Nanoröhren, die
aus sechseckigen Anordnungen von Kohlenstoff-Atomen bestehen sollen, wird Nanoröhren-
Schaltkreise hervorbringen, von denen ein einziger Kubikzentimeter eine Million Mal
leistungsstärker als unser Gehirn wäre. Um die Leistungsfähigkeit auszunützen müsste dann
auch die passende Software entwickelt werden. Wie dies gehen soll, darüber hat der
Wissenschaftler konkrete Vorstellungen: Ein menschliches Gehirn wird gescannt und
analysiert. Dabei werden die Nervenbahnen einfach kopiert und auf Materie ausserhalb des

Körpers übertragen. Die Menschen schicken Miniroboter in der Grösse von Blutkörperchen
durch die Blutbahnen des Gehirns, um dieses von innen zu erkunden. Danach würde das
Gehirn entsprechend nachgebaut.
Genau solche Vorstellungen haben ihm in der Wissenschaft den Ruf als Träumer, ja sogar als
Spinner eingebracht. Da man jedoch weder seine Theorie, noch das Gegenteil beweisen kann,
möchte ich hier auf eine persönliche Stellungnahme verzichten.
Als Folge der Gehirn-Kopie entstünde die Möglichkeit, dieses ausserhalb des Menschen zu
erforschen, bis hin zu der Möglichkeit, die Fähigkeit eine Sprache zu sprechen auf einen
Mikrochip zu bannen und in ein anderes Gehirn einzusetzen.
Beispiel eines einfachen
Industrieroboters
Die entstehenden Konstrukte wären dank der vollständigen Intelligenz kaum mehr vom
Menschen zu unterscheiden und würden vehement in Anspruch nehmen, menschlich zu sein.
Dem Menschen bliebe nichts anderes übrig, dies zu akzeptieren. Der 52-jährige Kurzweil ist
von der Richtigkeit „seiner" Zukunft überzeugt:
*„Es gibt bereits sprechende Roboter im Internet, Mini-Computer stecken im Ohr des
Menschen, Chips helfen Parkinson Patienten. Die Verbindung zwischen Mensch und
Maschine wir jetzt schon immer enger". (Ray Kurzweil im Interview mit „CHIP", 2/01, S. 316)*
Alle diese Erfahrungen und Erkenntnisse verdeutlichen, dass wir wohl noch einige Zeit auf
ein autonomes, intelligentes System warten müssen.
Obwohl wir dem grossen Ziel immer näher rücken und nach den Visionen einiger
Wissenschaftler schon kurz davor sind, rechnet der Grossteil der Experten nicht mit
elementaren Durchbrüchen in der näheren Zukunft.
Aufgrund der Visionen und Projekte einiger Forscher, möchte ich im Hauptteil meiner Arbeit
auf die Möglichkeiten eingehen, die sich uns im Zusammenhang mit der Robotik bieten,
wenn wir eines Tages eine künstliche Intelligenz erschaffen haben.

6. Einsatzmöglichkeiten der KI im Bereich der Robotik

„Computer sind das bis heute genialste Werk menschlicher Faulheit."

Vor knapp 30 Jahren lancierte IBM eine Werbekampagne mit dem obenstehenden Zitat, um ihre Computer in der ganzen Welt bekannt zu machen. Wahrscheinlich ohne dies bewusst zu tun, machten sie eine der elementarsten Aussagen im Bezug auf die Geschichte der Menschheit.

Wann immer in der Vergangenheit eine Entdeckung oder eine Entwicklung gemacht wurde, war das Ziel oder das Ergebnis, das Leben angenehmer zu gestalten oder die menschlichen Fähigkeiten effizienter auszunützen. Genau das ist auch das oberste Ziel jedes Robotik-Ingenieurs. Nicht von ungefähr kommt das Wort Roboter vom tschechischen Wort „robota", was etwa soviel heisst, wie „Zwangsarbeit" oder „Herrendienst". Dieses Wort mit seiner Bedeutung wurde erstmals im Buch des tschechischen Schriftstellers Karel Capek, „Rossums Universal Robots" verwendet. In diesem Buch wollte der Erfinder Rossum Maschinensklaven für seine Familie bauen und brachte damit seine Familie selbst in die Sklaverei. Aber stellen Sie sich vor, sie sässen an ihrem Pool, der gerade von einem Roboter gereinigt wird, während ihnen ein anderer mechanischer Gehilfe ein Getränk bringt, das sie kurz vorher bei ihm bestellt haben. Wäre das nicht schön?
Doch die Entwicklung läuft inzwischen nicht mehr darauf hinaus, den Roboter dem Menschen

unterzuordnen, ihn also gewissermassen zu versklaven, sondern ihn als intelligentes Werkzeug einzusetzen. Der Roboter sollte ein Partner für den Menschen sein und Arbeiten übernehmen, die für den Menschen entweder zu beschwerlich oder unlösbar sind. Schon heute funktioniert praktisch keine Fabrik, ja nicht mal mehr der Haushalt, ohne technische Geräte. Es wäre jedoch verfehlt, diese Geräte als intelligente Roboter zu bezeichnen, da sie weder selbständig denken, noch handeln. Wie sieht es aber mit den Fabrikationsrobotern aus, die erstmals 1960 als frei programmierbare Handhabungsgeräte auftauchten, sind sie intelligent? Die Antwort darauf ist nicht einfach. Diese Gräte erledigen zwar ihre Arbeit ohne Fehler aber sie bauen wieder auf der Grundlage auf, dass erstens ein Mensch ihnen einen Bewegungsablauf vorgibt und zweitens dieser immer gleich bleibt. Ist ein Produkt, das sie bearbeiten sollen, in einer anderen Position oder Form vorhanden, als einprogrammiert, sind diese Systeme nicht fähig, diese Veränderung zu erkennen und darauf zu reagieren. Dieser Form von Robotern, nachfolgend Fabrikationsroboter genannt, hat man jedoch eine Spur von Intelligenz eingebaut, indem man sie mit Sensoren ausgerüstet hat, die ständig überwachen, ob alle vorgegebenen Daten so vorhanden sind, wie sie sein sollten.
Falls etwas nicht den Vorgaben entspricht, können sie zwar den Fabrikationsprozess unterbrechen, aber sich nicht sich der neuen Situation anpassen und darauf reagieren. So sind es denn auch nicht unbedingt die Fabrikationsroboter, deren Handlungsspielraum sehr klein und deren Abläufe bewusst immer gleich sind, die man mit der Entwickelung der KI verbessern will, sondern bewegliche, sensorgesteuerte Roboter.

Es sind dies zum Beispiel die Roboter, die zu Forschungszwecken oder als „Diener" eingesetzt werden. Die Einsatzbereiche würden sich sofort enorm vergrössern.
Nehmen wir zum Beispiel die Marsmission „Sojurner" mit dem Roboter Pathfinder. Dieser sollte auf dem Mars herumfahren und Gesteinsproben sammeln. Doch wie soll sich der Roboter auf dem Roten Planeten zurechtfinden ? Fernsteuern geht nicht, da die Radiowellen vom Mars zur Erde und zurück ca. 15 Minuten benötigen. Er muss also selbständig handeln

können. Das stellte die Forscher und Entwickler vor ein grosses Problem: Sie mussten „Pathfinder" mit ihren Programmen auf alle möglichen Szenarien vorbereiten. Doch was ist schon alles möglich auf einem Planeten, den man noch nie vom Boden aus gesehen hat? Eine ganze Menge! Man beschränkte sich also auf die Fähigkeiten, Fotos zu schiessen, Gesteinsproben aufzusammeln und auf dem felsigen Untergrund zu manövrieren, gleichbedeutend mit dem Ausweichen vor Hindernissen. Ich habe dies mit dem Mindstorms Programm ebenfalls versucht.
Hätten die Forscher der NASA die Möglichkeit gehabt, den Pathfinder wirklich intelligent zu

machen, hätten sie dutzende weiterer Experimente durchführen können. Die Forschungsmöglichkeiten wären unbeschränkt grösser gewesen, wenn der Roboter erst vor Ort entschieden hätte, wie er vorgehen und was er zuerst untersuchten will. Er hätte als Intelligentes Wesen sogar Grüne Männchen begrüssen können!
Entsprechend dieser Vorstellung entwickelt die Nasa zurzeit einen Roboter, der auf unwegsamen Planeten wie ein Frosch umherspringen kann. Da dieser aber je nach Untergrund sehr willkürlich abspringt und landet, braucht es ein Programm, dass selbständig den Zustand des Bodens und die Lage des Roboters erkennen und darauf reagieren kann. Hier käme eine Künstlichen Intelligenz sehr gelegen und würde einige Probleme aus der Welt schaffen. (Infos unter www.nasa.gov)

6.1 Möglichkeiten ausserhalb der Forschung

Die Einsatzmöglichkeiten der KI sind auch ausserhalb der wissenschaftlichen Bereiche beinahe grenzenlos. So können intelligente Systeme zum Beispiel durch Gebrauch von Sensoren die Fahrdynamik eines Autos verändern und regeln und somit den Strassenverhältnissen anpassen. Auch ein Verkehrsleitsystem oder ein Flugabwehrsystem gehören zu den Einsatzmöglichkeiten der KI. Heute konzentriert man sich zusätzlich auf das Gebiet der Techno-Implantate, das sind Prothesen, die durch Software und Sensoren bestimmte Bewegungen und Bewegungsrichtungen vereinfachen oder unterdrücken und somit den Bewegungsablauf vereinfachen. Eine andere, weit lukrativere, Einsatzmöglichkeit liegt bei den Robotern, wie sie viele von uns aus Filmen wie „Verloren im Weltraum" , „Star Wars" oder „I Robot" kennen:
Selbständige Gehilfen, oder Diener, die einem den Alltag erleichtern. Gelingt es, einen Roboter zu entwickeln, der sich wie ein Mensch, oder sogar besser, bewegen kann und der menschliche Befehle versteht und darauf reagieren kann, könnte man sich bald den lieben langen Tag in der Hängematte bedienen lassen. Bei dieser Fiktion ist eine höhere Form von Intelligenz nötig, weil sich die äusseren Bedingungen ständig ändern und die Aufgabenlösung jedes Mal anders vor sich gehen wird. Ein solcher Roboter müsste also mit einem Programm ausgestattet sein, dass es ihm ermöglicht, den Befehl seines „Herrschers" zu verstehen, eventuelle Hindernisse zu

erkennen und aufgrund dieser Informationen eine Lösungsstrategie zu entwickeln, um den Befehl korrekt auszuführen. In einem solchen Fall wäre die KI von unschätzbarem Wert, würde aber gleichzeitig auch Gefahren heraufbeschwören *(siehe 6.2)*.
Nach Dr. Gerhard Schweitzer *(Schweitzer 2001)* stehen Roboter hauptsächlich für folgende verschiedenen Aufgaben zur Verfügung:

. Im Weltraum oder unter Wasser *(kaum zugänglich für den Menschen)*
. Unter Tage, in Bergwerken oder Tunnels oder für unterirdische Kanal- und
  Leitungsarbeiten *(sehr schwer zugänglich für Menschen, gefährlich)*
. Im Mikro- und Nanobereich *(schwer zugänglich für Menschen)*
. In der Abfallentsorgung *(unangenehm für Menschen)*
. Als Werkzeug in der Medizin *(zuverlässiger und genauer als der Mensch)*
. Als Assistent für den Menschen bei der Erfüllung verschiedenster Aufgaben, z.B. die
  Betreuung von älteren Menschen oder auch für Reinigungsarbeiten.

6.2 Ängste und Gefahren

Auch Sicherheitsfragen werden im Gebiet der Robotik je länger je mehr an Gewicht
gewinnen. Je intelligenter unsere Maschinen werden, desto häufiger werden auch die direkte
Kommunikation einsetzen. Ein Missverständnis oder ein Fehler in der Kommunikation
zwischen dem Menschen und seiner kooperierenden Maschine kann jedoch schwerste Folgen
haben und muss deshalb spezielle Aufmerksamkeit erhalten.
Es stellt sich die Frage, ob der Roboter menschliche Züge haben muss, damit dem Menschen
die Interaktion einfacher fällt, oder ob der Roboter Gefühle haben soll, oder sie zumindest
vortäuscht, was wiederum die Beziehung Mensch-Maschine vereinfachen würde. Erste

Versuche in diese Richtung wurden mit dem Spielzeughund von Sony *(Quelle unter „Sony" im
Anhang)* bereits unternommen. Er kann Bewegungen ausführen, die wie eine Äusserung von
Emotionen aussehen, was den „Herrchen" das Gefühl gibt, wirklich mit dem Hund zu
kommunizieren. Was würde aber passieren, wenn sich die nun intelligenten Roboter
untereinander verständigen oder sogar verbünden könnten? Eine Maschine mit Gefühlen
Sensorgesteuerte Prothese, entwickelt am IfR
würde sich als Diener sicherlich unterdrückt fühlen und sich gegen diese „Ungerechtigkeit"
auflehnen.
Was wäre, wenn die intelligenten Roboter im geheimen bessere Roboter konstruieren würden.
Wir Menschen versuchen ja ebenfalls unsere Fähigkeiten zu steigern und unsere
Eigenschaften zu verbessern. Würde eine solche Evolution der Maschinen einen Super-
Roboter hervorbringen, der die Menschheit bedrohen oder auslöschen könnte? Möglich wären
diese Szenarien alle. Deshalb ist mit dem Wort Intelligenz im Bezug auf Maschinen immer
auch eine gewisse, sogar verständliche, Existenzangst verbunden, die zuerst ausgeräumt
werden müsste, bevor wir wirklich die Stufe der Künstlichen Intelligenz erreichen. So sind
auch die „Three Laws of Robotics" von I. Asimov *(Asimov 1986)* eindeutig auf diese Ängste
gestützt:
*1. A robot may not injure a human being, or, through inaction, allow a human being to
come to harm.*
*2. A robot must obey the orders given by human beings except where such orders would
conflict with the First Law.*
*3. A robot must protect its own existence as long as such protection does not conflict with
the First or Second Law.*

7. Schlusswort

Wie erwähnt war es das Ziel dieser Arbeit, die Möglichkeiten und die Zukunft der KI zu durchleuchten und im speziellen deren Einfluss im Gebiet Robotik zu ergründen.
Der schöne Teil dieser Arbeit war, dass ich mit Informationen geradezu überhäuft wurde. Es empfiehlt sich also immer, ein aktuelles Thema zu wählen. Schwieriger war dann schon, dass es sehr viele unterschiedliche Meinungen und Thesen gibt. Welche dieser Thesen soll man nun weiterverfolgen, welche klingen glaubwürdig? Viele Visionen gehen weit ins technische hinein und sind deshalb für einen Laien wie mich nur sehr schwer nachzuvollziehen.

Trotzdem war es sehr interessant, einen Einblick in die Welt der KI zu erhalten, zu sehen wo die Entwicklungen und die Zukunft hinführen, obwohl ich dieses Thema wohl nicht noch einmal wählen würde. Diese Arbeit hat das grosse Problem, dass sie schnell schwerfällig wird, da häufig dasselbe gesagt wird und sich viele Thesen im Kreis drehen. Ebenfalls ist es nicht empfehlenswert, ein Thema mit Informatik-Schwerpunkt zu wählen, wenn man von Programmieren nur wenig Ahnung hat. Zum Glück hat mir Lego da ein bisschen unter die Arme gegriffen. So kam dann leider auch das Projekt, das eigentlich als Hauptteil der Arbeit geplant war, ein wenig zu kurz und die Arbeit ist doch hauptsächlich theoretischer Natur.
Doch nun zum eigentlichen Schlusswort:
Wie mir meine Arbeit aufgezeigt hat, wird die Entwicklung der Robotik ohne die vollständige KI nicht mehr weit vorwärtskommen. Der Trend geht klar in Richtung intelligenter Maschinen, die als Helfer den Menschen unterstützen und entlasten sollen. Genau in diesem Bereich ist die KI von unschätzbarem Wert, da ohne sie nicht auf sinnvollem Niveau mit den Maschinen kommuniziert werden kann. Die Bedeutung der Software und Algorithmen wird zunehmend an Wichtigkeit gewinnen und dabei von den Entwicklungen in der Elektronik und

Mechanik unterstützt werden. Die Einsatzbereiche intelligenter Roboter können wie folgt gegliedert werden:

. In Bereichen, wo der Mensch gar nicht oder nicht alleine arbeiten kann, werden
   Roboter dem Menschen helfen, neue Anwendungen zu erschliessen, z.B. im
   Nanobereich, unter Wasser, unter Tage oder im Weltraum

. Die Roboter sollen den Menschen in Bereichen unterstützen oder ersetzten, die für den
   Menschen zu unangenehm oder schlicht zu gefährlich sind.

. In Bereichen, wo der Mensch an seine biologischen Grenzen stösst. Zum Beispiel in
   der Genauigkeit, Zuverlässigkeit sind die Roboter dem Menschen überlegen und
   können ihm diese Arbeiten, z.B. in der Medizin oder Mikrotechnik, abnehmen.

. Zu guter Letzt, können die Roboter auch als Freund oder Spielzeug eingesetzt werden
   und so die Eltern in der Erziehung entlasten.

Nach allen diesen Informationen scheint eines hervorzustechen:
Der Mensch wird nie, oder zumindest noch sehr lange, nicht ersetzbar sein, wenn es um komplexe Aufgaben geht. Uns fehlen zur Zeit noch viele der wichtigen Grundlagen, um eine vollständige Künstliche Intelligenz zu erschaffen. Dass wir es eines Tages schaffen werden, davon sind beinahe alle überzeugt, wann jedoch, das steht noch in den Sternen.

Zweifellos werden Roboter immer komplexere Aufgaben übernehmen, besonders in der Industrie, was sicherlich zu weiterem Arbeitsplatzabbau dort führen wird. Weitergehende Theorien vergessen aber oft die Entwicklungen in den anderen genannten Bereichen und auch die Tatsache, daß die Menschen vermutlich die Fortsetzung ihrer eigenen Existenz in Form von Transhumanen bevorzugen, anstatt ihre Obsoleszenz zu akzeptieren. Vielleicht ist eine Zukunftsgesellschaft aus beiden Lebewesen, hochintelligenten Robotern und Transhumanen, die wahrscheinlichste. Allerdings wären die Roboter dann nur ein Zwischenschritt zu hochentwickelter KI, denn die Nachahmung biologischen Körperbaus in mechanischer Form macht in Anbetracht der Nanotechnologie und anderer Theorien wenig Sinn.
Neue Technologien, Forschungsergebnisse, Produkte, etc. werden uns immer wieder in Erfurcht versetzen. Der heutige Mensch wird also regelrecht gezwungen, sich seiner schnell weiterentwickelnden Umgebung anzupassen. Wer nicht "mitzieht", bleibt außen vor. Anpassung scheint also Pflicht für intelligente Systeme zu sein, und alle, die dieser Pflicht nachgehen, sind

letztlich Intelligent. Sinn des Ganzen soll die Vervollkommnung des Menschen und eine Verbesserung der Lebensqualität der Menschen auf unserem Planeten sein. Schade ist nur, daß noch nicht einmal die Hälfte der Weltbevölkerung einen Telefonanschluß besitzt oder überhaupt jemals in den Genuß der Annehmlichkeiten des Lebens kommen wird.

Letztlich stellt sich für mich die Frage, ob der Intelligenz Quotient (IQ) eines Menschen oder einer Maschine sich wirklich als das Kernstück in unserem zukünftigen Dasein behaupten wird. Der Satz von Rene Descartes „Ich denke, also bin ich" ist möglicherweise ein Irrtum...

8. Literaturverzeichnis

Asimov I., „Robot Dreams", ACE Books New York 1986
Durham Tony, Redaktor der New York Times, zitiert in „CHIP" Jahrgang 2001, Heft 6, Seite 290 (Vollständiger Bericht in CHIP 4/2001)
Geyer Horst, „Über die Dummheit", VMA-Verlag 1984
Kirst Werner, „Intelligenztraining", Rowolth Taschenbuch Verlag 1979
Kurzweil Ray, „Meine Vision", zitiert in „CHIP" Jahrgang 2001, Heft 2 (Februar), Seiten 314-316 und „CHIP" 6/2001, Seite 288
Pöppel Ernst, „Meine Vision", zitiert in „CHIP", Jahrgang 2001, Heft 6 (Juni), Seiten 288-290
Schweizer Gerhard, „Was erwarten wir von intelligenten Robotern? - Perspektiven der Robotik", Saattext 6.4.2001 IfR/ETH Zürich
Straub Martin, Schüler des DGB, „Bausteine der Künstlichen Intelligenz", Maturarbeiten Jahrgang 2000, Klasse 1e
Winzer Thomas, „Künstliche Intelligenz und Robotik", Franzis Verlag 1986